AF475282

O
3
b
289

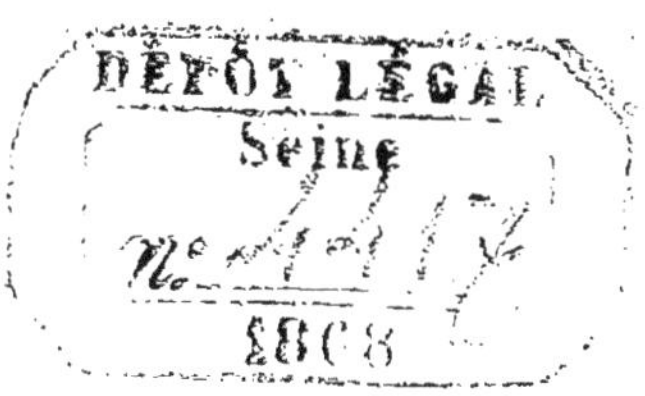

INSTITUTION DES INGÉNIEURS CIVILS

ET

CONSTRUCTEURS DE NAVIRES D'ÉCOSSE.

(Institution of civil engineers and shipbuilders of Scotland).

Séance extraordinaire du 20 mai 1868.

LECTURE

Faite à Glascow sur la situation des travaux du canal de Suez et sur l'avenir de l'entreprise

PAR M. L'INGÉNIEUR LOBNITZ.

PARIS
IMPRIMERIE ET LIBRAIRIE CENTRALES DES CHEMINS DE FER
A. CHAIX ET Cie
RUE BERGÈRE, 20, PRÈS DU BOULEVARD MONTMARTRE.
1868

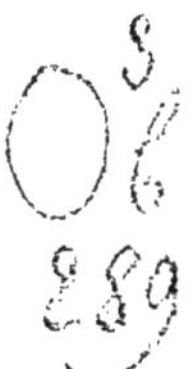

NOTE INTRODUCTIVE.

A la suite d'un voyage d'inspection dans l'isthme de Suez, M. Lobnitz, ingénieur, a présenté à l'institut des ingénieurs civils et constructeurs de navires d'Écosse le compte rendu des faits qu'il avait observés dans cette excursion et des résultats qu'il avait pu constater par lui-même. C'est cette relation que nous publions, et en renvoyant purement et simplement le lecteur au texte de ce travail, nous croyons devoir dire quelques mots sur l'auteur lui-même.

M. Lobnitz est un des associés de MM. Henderson, Coulborn et Cie, à Renfrew (Écosse). Cette maison de construction de machines marines et de navires est une des plus renommées de la Clyde. Avant de s'associer à la maison Henderson, M. Lobnitz était ingénieur de la maison Penn, de Londres, l'atelier le plus célèbre d'Angleterre pour la construction des machines marines, et dont les produits par leur supériorité se font rechercher à des prix même plus élevés que ceux de ses concurrents.

Pendant la guerre de Crimée, M. Lobnitz était chargé à Balaclava, par le gouvernement anglais, de l'inspection et des réparations des chaudières et des machines de la flotte britannique. Cet ingénieur, en outre, s'est distingué récemment par la construction de machines marines à deux cylindres, établies sur le principe de Woof. Ces machines appliquées à des navires à hélice faisant le voyage du Japon, ont donné des résultats remarqués et comme rapidité et comme économie du combustible.

Ces détails ne nous ont pas semblé inutiles pour indiquer le degré de confiance auquel a droit, comme compétence, le rapport de M. Lobnitz.

INSTITUTION DES INGÉNIEURS CIVILS

ET

CONSTRUCTEURS DE NAVIRES D'ÉCOSSE.

(Institution of civil engineers and shipbuilders of Scotland).

Séance extraordinaire du 20 mai 1868

LECTURE

Faite à Glascow, sur la situation des travaux du canal de Suez et sur l'avenir de l'entreprise

PAR M. L'INGÉNIEUR LOBNITZ.

DISCUSSION.

M. le professeur Macquorn Rankine occupe le fauteuil de la présidence. Le docteur Rankine, un des savants les plus distingués d'Angleterre, vivant au milieu des constructeurs de navires, suit avec la plus grande sollicitude tous les essais, toutes les expériences; il étudie ensuite, au point de vue scientifique, tous les faits qu'il a été à même de constater. Ses travaux, qui sont le résultat d'observations pratiques, ont une grande valeur et une grande utilité. Son opinion est d'un grand poids dans toute l'Angleterre.

Après quelques paroles d'introduction de M. le

professeur Rankine, M. l'ingénieur Lobnitz commence la lecture.

Des tableaux et des plans appendus aux murs ainsi que des cartes distribuées aux membres de l'assemblée permettent aux auditeurs de suivre les démonstrations de M. l'ingénieur Lobnitz.

Voici la traduction textuelle de la lecture :

Mon but, dans la présente occasion, est de présenter devant l'association, aussi brièvement et aussi clairement qu'il me sera possible, et avec autant de fidélité que mon jugement pourra me le permettre après un examen attentif des travaux depuis Port-Saïd jusqu'à Suez, l'état actuel et l'avenir du canal de Suez.

Comme préface à mes observations, je dois peut-être vous expliquer qu'ayant eu l'honneur d'être présenté, il y a environ trois mois, à M. Ferdinand de Lesseps, le président de la Compagnie, et ayant l'occasion de me rendre en Orient pour affaires, je le priai de me faciliter les moyens de visiter le canal. Il mit sur-le-champ à ma disposition de la façon la plus bienveillante des lettres d'introduction auprès des chefs des divers services et me fournit, en un mot, toutes les facilités possibles pour visiter les travaux dans leurs moindres détails.

A mon retour en Angleterre, il y a trois semaines, mon attention fut appelée sur une lettre écrite au

Times par le duc de Saint-Albans et qui préoccupait vivement l'opinion publique. En lisant cette lettre, je pensai que des détails complets sur les travaux exécutés, les moyens de travail employés, qu'enfin une description complète du canal, depuis Port-Saïd jusqu'à Suez, offriraient probablement quelque intérêt aux membres de cette association. Au moment de mon départ, plusieurs grands armateurs me chargèrent de leur rapporter mon opinion sincère sur la probabilité de l'ouverture possible de cette route nouvelle à leurs navires se rendant dans l'extrême Orient.

Avant de visiter les travaux, je dois avouer en toute sincérité que, dans mon opinion sur cette affaire, la Compagnie s'était engagée dans une folle entreprise consistant à creuser sans cesse dans des sables, sans la moindre probabilité d'obtenir un résultat stable quelconque, qu'il était à peu près impossible de fixer un terme à ces travaux et en même temps espérer que des moyens sérieux de communication pour les navires d'un fort tonnage fussent établis par ce canal entre la Méditerranée et la mer Rouge.

Mon but est maintenant, après un examen scrupuleux et attentif:

1° De vous montrer à quel point mes idées étaient erronées et sont changées aujourd'hui.

Pour m'aider dans cette démonstration j'ai préparé des dessins d'après les renseignements recueillis par moi sur place. Ils vous indiqueront à la simple inspection quels sont les travaux déjà exécutés, ceux en cours d'exécution, et tout ce qu'il reste à faire pour terminer l'œuvre;

2° De vous donner des renseignements sur les nombreuses et ingénieuses machines dont on se sert pour les excavations et la décharge des déblais, et enfin de vous fixer la date qui, suivant toute probabilité, verra le triomphant achèvement de ce projet plein de hardiesse et de grandeur, et dont la mise à exécution formera une nouvelle attache (*will form a new link*) entre l'Europe et les Indes.

Un dernier mot avant de commencer. Permettez-moi de réclamer votre indulgence pour vous faire cette communication à la fin de notre session et aussi pour tout ce qui pourra faire défaut dans mes explications.

J'arrivai à Port-Saïd dans la nuit du 6 avril. Comme le temps était fort mauvais et la nuit très-obscure, le navire resta à l'ancre jusqu'au jour, et alors nous avançâmes entre deux magnifiques jetées construites en blocs artificiels de béton, qui sont à peu près terminées aujourd'hui; l'une s'étend jusqu'à 1 mille 1/2 en mer au delà de Port-Saïd et l'autre jusqu'à 1 mille.

Le vapeur sur lequel j'étais tirait 17 pieds d'eau et nous pûmes entrer à toute vapeur dans le bassin ou port intérieur qui renfermait à peu près 30 navires de 400 à 800 tonnes, environ 40 de 100 à 400 tonnes et quelques grands vapeurs.

L'entrée du port, qui est tout à fait artificiel, est excellente; cependant la côte à perte de vue est très-basse et à peine au-dessus de l'eau ; la mer n'a pas de profondeur et avant la création du port il était impossible d'aborder le rivage même avec un canot.

Les jetées ont été construites jusqu'aux profondeurs de 30 pieds, et l'espace qui les sépare a été dragué jusqu'à la profondeur actuelle de 18 pieds et on continue à draguer pour obtenir une profondeur régulière de 26 pieds.

Il y a un phare à Port-Saïd et l'entrée du port présente toute sécurité. Vous voyez par la carte comment sont disposées les jetées, et je vous expliquerai maintenant la nature des matériaux employés à ce travail et leur mise en œuvre. Ces jetées sont construites avec des blocs en béton ayant environ 14 yards cubes et pesant de 20 à 25 tonnes. On les fabrique avec le sable produit par les dragages. Un mélange de sable et de chaux est mis dans un moulin à peu près semblable à ceux employés par les fondeurs pour mélanger leurs sables de moulage. Le moulin est placé dans une position élevée et tous les matériaux sont apportés dans un chariot roulant sur des rails. Lorsque le mélange est convenablement préparé on le fait tomber en dessous dans un wagon qui va ensuite décharger au loin dans des caisses en bois ayant la forme des blocs et qu'on remplit successivement. Ces caisses en bois ont seulement quatre côtés ; le fond et le dessus sont ouverts ; le fond repose sur le terrain naturel formé d'un lit de sable. En une semaine, sous l'influence du soleil d'Egypte, le mélange est devenu assez dur pour qu'on puisse enlever les côtés en bois ; on laisse ensuite les blocs sécher pendant trois mois. Lorsqu'ils sont assez secs, on les enlève au moyen d'une grue locomotive qui les place sur les chalands pour les porter à destination. Ils sont jetés à la mer ou placés sur le haut de la jetée au moyen d'une grue flottante. Il y a toujours un grand nombre de blocs en fabrication et la place qu'occupaient ceux qu'on jette à la mer est sans retard occupée à nouveau. Ces blocs sont en tout semblables à ceux qui forment les brise-lames des ports de Marseille, que beaucoup d'entre vous, Messieurs, ont eu l'occasion de voir. Ce travail des jetées est le plus complet et le plus important de Port-Saïd, il sera entièrement terminé dans huit mois.

J'allai ensuite visiter les ateliers de MM. Borel et Lavalley, situés plus avant dans l'intérieur du port. Ces messieurs sont les entrepreneurs du canal et c'est dans leurs ateliers qu'ils ont fait le montage des dragues, bettes à vase, etc., envoyées de France pour l'exécution de leur contrat. Les travaux du montage sont achevés et tout leur matériel est aujourd'hui en pleine activité, et ils font seulement les réparations nécessaires, et emploient environ onze cents hommes dans ces ateliers. Le chantier comprend des ateliers de mécaniciens, de chaudronniers, de forgerons, etc., et un vaste emplacement pour la réparation des godets de dragues. Quatre cent cinquante hommes sont employés constamment à ce travail seul. Il y a aussi des cales de halage pour la réparation des diverses embarcations que possède la Compagnie à Port-Saïd et une grue flottante pouvant lever trente tonnes. Les ouvriers habiles reçoivent de 8 à 15 francs par jour de travail (10 heures), ce sont presque tous des Français, des Maltais et des Autrichiens. Les manœuvres gagnent de 2 à 3 francs par jour, et s'ils sont habiles de 3 à 5 francs ; ils sont presque tous Arabes, Grecs et Autrichiens. Le travail semble se faire ici avec grande énergie et les ateliers sont frais et confortables.

Après ces ateliers je visitai ceux du transit de la Compagnie, qui sont exclusivement occupés par les réparations à faire au matériel de transport transitant sur le canal. Ils sont montés sur une moindre échelle que ceux de MM. Borel et Lavalley et occupent environ deux cents hommes.

Le port a une profondeur qui varie de quatorze à dix-neuf pieds. On continue à le creuser et il sera également agrandi. Dans son état actuel, les nombreux navires dont j'ai parlé n'en occupaient qu'un tiers environ.

La population de Port-Saïd est aujourd'hui de dix mille habitants ; ils sont pourvus d'eau douce au moyen de conduites en fonte qui l'amènent d'Ismaïlia.

Cette eau est non-seulement employée aux usages domestiques, mais, à cause du degré de salure de l'eau du canal, on s'en sert pour les chaudières de tous les vapeurs et des dragues. Lorsque le port sera terminé, il aura environ deux milles de longueur depuis la naissance des jetées jusqu'à l'entrée du canal.

Je quittai Port-Saïd pour me rendre à Ismaïlia sur un petit vapeur, et j'eus soin de lever des sondages a peu près tous les milles. Sur une longueur de 20 milles environ, le canal est creusé à travers des marais qui s'étendent à perte de vue. On a formé des deux côtés, avec les produits des dragages, une banquette de 5 pieds de haut qui isole le canal. Pendant quelques milles, on traverse des fonds de sables et on arrive ensuite à ce qu'on appelle la terre du Nil. C'était pour ces parties du canal qu'existaient les plus grands doutes, au sujet de la stabilité des talus. Le canal coupe sur un point une ancienne branche du Nil.

La Compagnie a fait creuser le canal à sa profondeur complète, sur une longueur d'un mille environ. Ce travail est terminé depuis six mois, et se résultat prouve complétement combien étaient faux les doutes exprimés. J'ai fait sur cette partie 6 ou 7 sondages avec le plus grand soin, et j'ai trouvé partout une profondeur uniforme de 25 pieds.

Sur tout le parcours entre Port-Saïd et Ismaïlia, le canal a une profondeur moyenne de 10 pieds; quelques endroits ont de 14 à 15 pieds ; d'autres n'en ont que 7 ou 8. La distance est d'environ 50 milles. Depuis le point où commence la terre du Nil, jusqu'à 28 milles environ de Port-Saïd, les déblais sont toujours à peu près de la même nature et le composent d'une sorte d'argile assez liquide. Mais au delà de ce point, jusqu'à Kantara, pendant 5 milles, on trouve l'argile compacte. Cette argile est si tenace qu'elle ne peut souvent être extraite des godets des dragues qu'à l'aide de pioches et de pelles. On traverse ensuite, sur une longueur de

5 milles, un lit de sable, et, pendant 7 milles, du sable mélangé à du plâtre. Depuis que j'avais quitté Port-Saïd, je trouvais à chaque mille une grande drague en travail, déchargeant les déblais sur les banquettes, au moyen d'une sorte de longue auge que les Français appellent *couloir*. La largeur du canal, à la ligne d'eau, est de 300 pieds, excepté dans les tranchées profondes, où elle est réduite à 200 pieds, ainsi que l'indique le profil. Ces dragues forment la partie la plus utile du matériel des travaux ; avec leur couloir, elles peuvent travailler au milieu du canal et décharger automatiquement sur l'une ou l'autre banquette. Les couloirs ont de 200 à 225 pieds de long ; les dragues déchargent le contenu des godets à leur extrémité supérieure qui est située à 50 ou 60 pieds au-dessus du niveau de l'eau.

Ils ont une inclinaison de 1 pouce 1/2 par pied du côté des banquettes, et, pour faciliter la décharge des déblais, une pompe envoie continuellement une grande quantité d'eau à la partie supérieure ; en outre, à chacune des extrémités est fixé un tambour sur lequel tourne une chaîne sans fin munie de racloirs qui servent à amener toujours les déblais à une vitesse uniforme, se décharger sur les banquettes. L'eau envoyée dans le couloir a aussi l'avantage de dissoudre les matériaux, qui sont ainsi projetés au loin sans jamais encombrer l'extrémité du couloir. Les couloirs sont portés sur ce chaland et fixés sur une plaque tournante. Le chaland contient la chaudière et la machine qui met en mouvement les pompes centrifuges et la chaîne sans fin. Le chaland est relié à la drague au moyen de fortes armatures en fer et par l'extrémité supérieure du couloir qui aide à maintenir la solidité de l'ensemble. Dans les grands vents, cela est très-nécessaire, parce que les dragues qui sont très-élevées pourraient osciller sous l'influence du vent, d'autant plus facilement que ces dragues sont très-étroites afin de pouvoir passer à travers les écluses du canal d'eau douce dont nous parlerons ci-après et d'aller ainsi jusqu'à Suez. Au-delà d'El-Ferdane le caractère de la contrée change ; du sein des marais, le terrain s'élève sensiblement et le canal est ici creusé dans des collines dont la hauteur varie entre 10 et 50 pieds. Les couloirs sont abandonnés et remplacés par un autre appareil appelé *élévateur*. En certains endroits, le terrain est si élevé qu'on ne peut même employer ces machines et que les déblais des dragues sont reçus dans des bettes à vase à vapeur qui vont les décharger quelques milles plus loin dans le lac Timsah. Ces élévateurs sont des appareils tout aussi ingénieux que les couloirs. Ils sont placés sur des rails sur la banquette et supportés à leur partie inférieure par un chaland plat. On se sert de dragues ordinaires semblables à celles de la Clyde qui déchargent les déblais dans des caisses en bois contenant 10 tonnes et portées par un ponton. Chaque ponton reçoit dix caisses. Quand les caisses sont remplies le ponton est amené sous l'élévateur, chaque caisse est enlevée au moyen de chaînes mues par la vapeur, placée sur un chariot, remontée rapidement à l'extrémité supérieure éloignée de 200 pieds. Elles sont alors déchargées automatiquement à peu près de la même façon que les caisses qu'on emploie pour charger le charbon à Newcastle. On les redescend ensuite sur le ponton. L'opération se fait si rapidement qu'on peut décharger 300 à 350 tonnes à l'heure.

Les dragues enlèvent en moyenne 1,500 yards cubes par jour; lorsque le terrain est favorable, elles produisent jusqu'à 3,000 yards cubes par jour. Pour ce travail, MM. Borel et Lavalley reçoivent environ 2 francs par yard cube, mesuré au moyen de profils levés dans le canal, et à mon avis c'est un prix très-rémunérateur; mais jusqu'au moment où ils ont eu leurs dernières dragues avec couloirs et élévateurs, ils devaient à peine faire leurs frais. Je crois que ces dragues ont coûté à la Compagnie de 5 à 600,000 francs en comprenant pour chaque drague un couloir ou un élévateur. La Compagnie, en déboursant les frais d'acquisition de ces dragues et de tout le matériel, a avancé aux entrepreneurs environ 2,400,000 livres. Elle se rembourse aujourd'hui de ces avances en faisant chaque mois une retenue aux entrepreneurs sur les travaux exécutés. Cette retenue varie de 10 à 30 p. 100. Les bettes à vase à vapeur qui vont au lac Timsah diffèrent de celles en usage sur la Clyde, en ce que les portes de décharge sont établies sur les côtés. On a adopté cette disposition afin de pouvoir déverser les déblais aussi près que possible des bords du lac. On les amène presque à terre pour cette opération. Ces bettes à vase portent environ 400 tonnes. La Compagnie en possède 80 en travail continuel. Elles diffèrent très-peu entre elles, cependant quelques-unes ont des portes de fond; elles sont généralement à double hélice avec machine à haute pression et on les emploie à Port-Saïd, El-Guisr et Suez.

Le lac Timsah a environ 3 milles carrés; il a été rempli au moyen de l'eau de la Méditerranée; sa profondeur varie de 14 à 22 pieds. C'était autrefois une dépression de terrain sans eau, semblable à ce qu'on a nommé les petits et grands lacs Amers dont nous parlerons plus loin.

Sur ce lac est l'entrée du canal d'eau douce dérivé du Nil à Zagazig jusqu'à Ismaïlia et se rendant de là à Suez. Il est élevé de 18 pieds environ audessus du canal maritime, auquel il se relie devant Ismaïlia au moyen de deux écluses. Ce canal, dont vous avez certainemeut entendu parler et qui, en somme, donne la vie à tout le désert, a été creusé en 1863. Lorsqu'on creusa le premier chenal entre Port-Saïd et Ismaïlia, on éprouva les plus grandes difficultés pour approvisionner les ouvriers d'eau fraîche. On essaya d'abord d'un appareil condensateur, mais les résultats obtenus ne furent pas satisfaisants et on dut avoir recours au pénible travail de transporter l'eau à dos de chameau sur un parcours de 50 à 60 milles. C'est ce qui amena la construction du canal d'eau douce, dont l'origine fut prise à Zagazig sur un des canaux du Nil et dirigée vers Ismaïlia, d'où ce canal fut ensuite conduit à Suez. Ces travaux furent commencés avec 10,00 ouvriers au mois de mai 1863 et terminés au mois de décembre de la même année, la longueur totale étant d'environ 90 milles. Pendant qu'on creusait ce canal, il fallait au début employer 1,500 chameaux pour porter l'eau nécessaire aux ouvriers. Les terrassiers arabes étaient fournis par le vice-roi; la Compagnie devait les payer et les entretenir d'eau fraîche, de biscuit et aussi de paniers ou couffes qu'ils employaient à transporter les déblais. Il fallait de 15 à 20,000 couffes par semaine, et il était difficile de se les procurer. Quelque temps après le commencement des travaux, on fit le long du canal une rigole étroite qui recevait l'eau du Nil et en fournissait ainsi en grande quantité aux ouvriers: ce qui permit à la Compagnie de supprimer le service onéreux des chameaux.

Le canal d'eau douce entre Ismaïlia et Suez est établi sur le sommet d'une rangée de collines si favorablement disposées que le seul travail a consisté dans l'excavation du lit même du canal. Il est coupé par trois écluses ayant 95 pieds de longueur par 25 pieds de largeur. La profondeur d'eau est de 5 pieds environ au minimum.

Port-Saïd et toutes les stations intermédiaires sont abondamment fournies de l'eau douce du canal au moyen de conduites en fonte et de machines élévatoires établies à Ismaïlia. Autrefois les habitants de Suez devaient acheter l'eau au bazar et la payer un prix exorbitant; ils reçoivent aujourd'hui pour rien l'eau du canal d'eau douce, ce qui a naturellement augmenté la prospérité de ce port. On s'en rend faci-

lement compte par ce fait que la population a plus que doublé depuis que l'eau douce arrive dans la ville.

Entre Port-Saïd et El-Guisr, le voyage prit 10 heures par suite des nombreux arrêts pour inspecter les travaux et lever des sondages. Je rencontrai 5 ou 6 trains de chalands conduits par des remorqueurs en route pour Suez ou en retour. Ils font le trajet par le canal maritime jusqu'à Ismaïlia et de là atteignent leur destination par le canal d'eau douce. Chaque train était formé d'une douzaine de chalands et remorqué par un petit remorqueur à double hélice jusqu'à Ismaïlia, et de là à Suez, sur le canal d'eau douce, par des toueurs à chaîne noyée établis exactement sur le même principe que nos bacs à vapeur de la Clyde pour le passage des chevaux et voitures. Chaque chaland porte de 50 à 100 tonnes et tire environ 5 pieds d'eau. Je passai également un remorqueur à roues qui se rendait par le canal dans la mer Rouge. Je mentionne simplement ces faits pour démontrer qu'au moyen du canal d'eau douce et de la section du canal maritime déjà ouverte, il y a maintenant une grande facilité pour le transit, entre les deux mers, des embarcations de faible tonnage aussi bien que des marchandises. Une autre remarque fort importante au sujet de cette route, c'est le prix très-modéré du fret, soit £ 1 par tonne, tandis que, transitant d'Alexandrie à Suez par le chemin de fer, le prix de la tonne est de £ 2 à £ 4. 10. Le transit a transporté pendant les six derniers mois plus de 10,000 tonnes par mois. On trouve par cette route un autre avantage: les marchandises sont seulement déchargées au départ et rechargées à l'arrivée, tandis que par le chemin de fer elles subissent au moins quatre transbordements.

En quittant El-Guisr, j'arrivai au lac Timsah pour prendre terre au quai de débarquement établi devant Ismaïlia. Le lac Timsah est une très-jolie nappe d'eau de 3 à 4 milles de largeur, et Ismaïlia est une ville toute neuve, construite sur le bord du lac. La ville a été entièrement créée depuis quatre ans; elle est maintenant pourvue de squares et de charmantes maisons dans le style français. La plupart de ces maisons sont entourées de beaux jardins. Sur cet emplacement, on n'aurait pu trouver, il y a quelques années, un seul brin d'herbe, et toutes ces améliorations sont dues à l'eau du Nil, qui, partout où elle coule, même au milieu du désert, produit, comme par magie, la plus luxuriante végétation.

Sa population est d'environ 4 à 5,000 habitants; il y a un excellent hôtel; en somme, la ville est tout à fait une ville d'Europe. Les principaux chefs de la Compagnie résident à Ismaïlia ; le télégraphe est établi et communique avec Port-Saïd et Suez et aussi avec les diverses stations de la ligne situées à une distance d'environ huit milles les unes des autres. Je dois mentionner également qu'un service journalier de poste fonctionne régulièrement sur tout le parcours du canal. Le souverain (*the supreme Ruler*) a ici un palais et est représenté par un pacha qui réside dans la ville avec tout son entourage.

Les seuls ateliers d'Ismaïlia sont l'établissement

hydraulique qui envoie l'eau à Port-Saïd et un atelier de réparation pour les vapeurs et chalands du service du transit. Au delà du lac, le canal maritime est creusé sur une longueur de cinq milles vers le Serapeum et l'eau de la Méditerranée arrive jusque-là.

En cet endroit, le terrain s'élève à une grande hauteur et on a adopté une méthode très-ingénieuse pour faire l'excavation au moyen de dragues. On a creusé d'abord, à bras d'hommes, une tranchée jusqu'à une profondeur de 6 pieds au-dessus du niveau de l'eau dans le lac Timsah, en laissant à chaque extrémité une banquette ayant environ 16 pieds de hauteur. On dériva ensuite l'eau du canal d'eau douce, qui est à 18 pieds au-dessus du canal, et le bassin ainsi formé au milieu de la colline fut rempli d'eau douce jusqu'à une profondeur de 12 pieds. On amena les dragues par cette voie et elles furent mises de suite à l'œuvre. La profondeur atteinte aujourd'hui est de 20 à 30 pieds sur une longueur de 7 milles ; on a l'intention d'obtenir partout une profondeur d'eau uniforme de 30 pieds, et alors de couper les deux barrages et de laisser l'eau s'écouler. Lorsque ce travail sera terminé et que l'eau sera au niveau du canal maritime, on aura encore une profondeur de 12 pieds à creuser et les dragues continueront leur travail jusqu'à ce qu'elles atteignent 26 pieds. Le grand avantage de ce système de travail à l'aide de l'eau du canal d'eau douce est de pouvoir employer les couloirs, les élévateurs et les bettes à vase pour décharger dans les lacs artificiels remplis également d'eau douce. Lorsqu'on aura atteint le niveau du canal maritime, la profondeur de la tranchée empêchera de se servir de couloirs et d'élévateurs, et les bettes à vase devront se rendre pour décharger dans le lac Timsah ou dans les lacs Amers.

En quittant le Serapeum, nous arrivons aux deux grandes dépressions de terrain dont nous avons déjà parlé, qui sont les lacs Amers faisant autrefois partie de la mer Rouge. Ils ont environ 20 milles de longueur et la ligne du canal les traverse jusqu'au pied de Chalouf. Sur quelques points, le fond de ces lacs est à 10 ou 15 pieds au-dessous du plafond du canal. Sur le parcours du canal, le terrain a été creusé à la main, partout où c'était nécessaire, jusqu'à la profondeur qu'il doit avoir. Le fond de ces lacs renferme de nombreux dépôts de sel; en plusieurs endroits les sondages ont rencontré le sel sur une profondeur de 30 pieds. Ce sel est souvent mélangé à de l'argile et à du sable, et l'on pense que, lorsque l'eau sera introduite dans les lacs, certaines parties du fond seront dissoutes et qu'on obtiendra une grande profondeur. La Compagnie a été très-fortunée de rencontrer un si long parcours à traverser avec si peu de travail à y faire. A la sortie des lacs Amers, on arrive à Chalouf, où, sinon les plus grands, du moins les plus pénibles travaux ont été exécutés. La tranchée, très-profonde, est creusée dans une argile compacte mélangée de concrétions siliceuses ou roches en formation; elle est terminée dans la portion qui avoisine les lacs Amers.

Les terres sont tellement solides qu'on croirait voir une forme sèche en pierres de dimensions colossales. Tous ces travaux ont été faits à bras d'hommes et ont occupé pendant les trois dernières années de 10 à 12,000 hommes. Les tranchées les plus profondes sont à peu de chose près terminées; mais il y a encore beaucoup à draguer entre Chalouf et la mer Rouge, sur une longueur de 15 milles environ, où les dragues sont à l'œuvre. La tranchée à sec de Chalouf est séparée du point que la mer Rouge vient baigner par d'autres travaux semblables à ceux du Serapeum. Les dragues ont été amenées par une dérivation du canal d'eau douce et travaillent à un niveau supérieur de 10 pieds à celui du canal maritime. Ces travaux diffèrent de ceux du Serapeum en ce qu'ils ne sont pas à une élévation aussi grande.

A Chalouf, dont nous n'avons donné qu'une courte description, les déblais, formés d'argile et de craie, ont été enlevés au moyen de wagons courant sur des voies ferrées au fond de la tranchée et remontés au haut de la banquette pour y décharger sur des plans inclinés avec machine fixe. Presque tous les ouvriers sont Arabes et travaillent à la tâche; ils reçoivent de 60 centimes à 1 fr. 50 c. par yard cube, en raison de la nature des déblais.

MM. Borel et Lavalley ont de grands ateliers de réparation pour leur matériel dans le voisinage. Dans la grande tranchée de Chalouf, le canal n'a que 200 pieds de largeur et toujours 26 pieds de profondeur. La portion entre Chalouf et Suez sera sans doute la dernière achevée; mais les entrepreneurs se sont engagés à introduire d'ici à cinq mois l'eau douce dans les lacs Amers, et ainsi sur tout le parcours du canal on aura une profondeur d'eau de 12 pieds dans les parties les moins profondes (Serapeum et Petit-Chalouf), où l'on drague maintenant à un niveau supérieur. Il ne faut pas confondre Petit-Chalouf avec Chalouf même, où la tranchée à sec est presqu'achevée. Les entrepreneurs se sont en outre engagés à avoir terminé complètement le canal d'un bout à l'autre avec une profondeur uniforme de 26 pieds le 1er octobre 1869.

Je considère qu'il leur sera facile de remplir cet engagement et je ne vois aucune cause qui puisse les en empêcher.

Pour vous montrer comment j'arrive à cette conclusion, je vous citerai quelques chiffres donnant le travail qui reste à accomplir en le comparant à celui qu'on fait chaque jour.

Au 1er avril, il restait environ 40 millions de yards cubes à extraire pour obtenir partout 26 pieds de profondeur et les largeurs dont nous avons parlé. (Le yard cube contient 736 décimètres cubes, tandis que le mètre cube en contient 1,000). En prenant le compte rendu mensuel des travaux exécutés qui, depuis quelque temps, est de 2,400,000 yards cubes par mois, malgré un travail difficile dans certaines tranchées, nous pouvons compter en toute sécurité qu'ils continueront au moins à atteindre ce résultat, ce qui, pour les 18 mois restant depuis le 1er avril, donnerait un supplément de 3,200,000 yards cubes.

Et comme il y a encore beaucoup à creuser dans le sable et l'argile tendre entre Port-Saïd et El-Ferdane, où les dragues à couloir ont souvent fait pendant plusieurs jours des moyennes de 2,500 yards cubes, au lieu de 1,500 yards cubes, je pense que vous conviendrez avec moi qu'il est facile aux entrepreneurs de faire honneur à leurs engagements.

Mais en laissant cela de côté, je vous dirai comment je calcule moi-même ce qu'ils peuvent faire. Ils ont maintenant 80 dragues et je suppose qu'il y en aura toujours seulement 60 à l'œuvre, ce qui est certainement au-dessous de la réalité. Chaque drague fait en moyenne 1,500 yards cubes par jour et dans certains terrains jusqu'à 3,000 yards cubes : en comptant le travail minimum des dragues à 1,500 yards cubes, elles feront 90,000 yards cubes par jour, et comme elles travaillent 26 jours par mois, 2,340,000 yards cubes dans le mois, soit pour 18 mois 42,120,000 yards cubes, ou plus de 2 millions en sus du travail à exécuter. Il convient également de mentionner que je n'ai tenu aucun compte du travail qu'on pourra encore faire à sec pendant 5 mois ; et avec 10 à 12,000 hommes, cela présente un chiffre respectable, chaque homme faisant au moins 70 yards cubes par mois.

Maintenant que nous avons traversé le canal, je vous donnerai quelques détails sur Suez et l'embouchure du canal de ce côté. A Suez, on a construit dernièrement, pour le compte du gouvernement égyptien, une magnifique forme sèche pouvant recevoir les plus grands vapeurs ; elle est située à un mille de l'ancrage actuel des navires qui arrivent à Suez et à deux mliles de la station du chemin du fer. La Compagnie construit sur ce point un terre-plein formé avec les déblais extraits à l'entrée du canal en se servant de couloirs et de bettes à vase. Dans ce terre-plein est ménagé un bassin avec docks et magasins. Le tout est relié à la terre ferme par un chemin de fer, ce qui donnera toute facilité pour la manutention des marchandises.

MM. Borel et Lavalley ont déjà établi, sur ce terrain conquis sur la mer, de grands ateliers où il font les réparations du matériel employé dans cette section.

L'opinion de beaucoup d'hommes d'expérience qui ont visité les travaux et peuvent parler avec une certaine autorité, pour ne rien dire de très-nombreux armateurs et marchands anglais riches et influents qui depuis longtemps attendent anxieusement l'achèvement du canal, est simplement celle-ci : si le canal est ouvert et peut rendre les services qu'en espère la Compagnie, ce sera certainement une affaire des plus lucratives (*most lucrative undertaking*). On peut estimer que le mouvement commercial entre l'Europe et l'extrême Orient est annuellement en chiffres ronds de 10,000,000 de tonnes. Les avantages offerts par la route du canal consisteront dans la diminution d'environ moitié de la distance qui nous sépare des ports de l'Orient, ce qui par suite entraîne la possibilité d'exécuter deux voyages pendant le même temps nécessaire pour faire un seul voyage par le Cap. Le taux de l'assurance sera matériellement diminué, et en face de ces économies se placeront les droits légers perçus par la Compagnie, s'élevant à 8 schellings par tonne, et un autre petit prélèvement sur la valeur de la cargaison qui pourra probablement s'élever à la même somme. Or, on doit croire que la moitié au moins, sinon une plus grande partie de ce tonnage, passera à travers le canal, c'est-à-dire 5 à 6 millions de tonnes par an. Cela donnerait un revenu de 4,500,000 livres (112,500,000 fr.) par an pour couvrir les dépenses de la Compagnie, l'intérêt de l'argent dépensé, l'entretien au moyen de quelques dragues pour maintenir le chenal, comme ici sur la Clyde, et le paiement du personnel nécessaire pour conduire le transit, remorqueurs, pilotes, etc., etc.

Je ne vous retiendrai plus que quelques minutes, mais je ne puis m'empêcher d'exprimer la grande impression que j'ai reçue de l'admirable organisation du transit qui, aujourd'hui, au moyen du canal d'eau douce, transporte d'une mer à l'autre 10,000 tonnes par mois et qui nous a été dernièrement si utile pour notre expédition d'Abyssinie. Ce service a été dès le début conduit par M. Guichard, dont je ne pourrais citer trop haut la courtoisie.

Par-dessus tout, après avoir vu les détails de ce qu'il me sera, j'espère, pardonné d'appeler un triomphe de l'habileté des ingénieurs, je ne puis comprendre le nom par lequel cette entreprise doit être connue dans l'avenir. On devrait, bien certainement, dire le canal Lesseps et non le canal de Suez, puisque c'est dans la pensée de ce gentleman qu'est né, il y a quelques années, le projet de joindre l'Europe à l'extrême Orient, par un canal maritime, projet que son énergie seule lui a permis de mettre à exécution, et il faut attribuer seulement cette fausse désignation du canal à la modestie naturelle aux grands esprits. Mais je suis bien convaincu qu'à l'avenir, M. de Lesseps sera considéré par les ingénieurs civils avec le respect et la vénération égalés seulement, dans l'esprit des ingénieurs maritimes, par l'un de nos grands et illustres compatriotes James Watt.

La fin de cette lecture est saluée d'applaudissements unanimes et chaleureux.

M. le professeur Rankine remercie M. l'ingénieur Lobnitz d'avoir présenté à l'Institut écossais des renseignements aussi complets sur cette question d'une extrême importance et qui préoccupe depuis si longtemps tous les ingénieurs. Il demande ensuite aux membres de l'Assemblée de vouloir bien faire toutes les observations qu'ils désireront, afin de donner à M. Lobnitz l'occasion de répondre et de développer, utilement pour tous, les renseignements qu'il a déjà fournis.

Un membre pose cette question : « Quelle est la nature des blocs? ont-ils une solidité suffisante? »

M. Lobnitz répète ce qu'il a dit sur la construction des blocs et ajoute que, formés de sable fin agglutiné au moyen d'une chaux hydraulique d'excellente qualité, ces blocs sont au moins aussi solides que les grès ordinaires ; qu'en effet un très-petit nombre de ces blocs sont cassés malgré leur forte dimension.

Un membre demande si les blocs ne peuvent pas être enlevés par la mer et notamment par l'action des marées.

M. Lobnitz explique que le principe adopté pour la construction des jetées est le meilleur que l'on connaisse aujourd'hui ; qu'il n'y a pas de marées dans la Méditerranée et que la surface irrégulière offerte à la mer par les blocs jetés au hasard annule complétement l'effet des vagues. Au contraire, lorsqu'on forme un mur solide et uniforme, la mer déferle contre un obstacle régulier qu'elle finit souvent par détruire, ainsi que l'on en a eu plusieurs exemples sur divers points des côtes d'Angleterre.

(Ces observations sont appuyées par M. l'ingénieur Colleso, qui a visité presque tous les ports d'Angleterre et considère que le système de construction des jetées adopté par la Compagnie est celui qui offre le plus de garante .)

Un membre : Quelle est la stabilité de ces blocs? Ne peuvent-ils, pendant leur mise en place, être entraînés et perdus dans la mer?

M. le professeur Rankine répond que, grâce au volume et au poids des blocs, il est impossible que des faits semblables se produisent; qu'en outre, les blocs étant placés au fur et à mesure de l'avancement de la jetée, les uns à côté des autres, ils forment une sorte de pyramide excessivement solide.

M. l'ingénieur Simmons a vu à l'Exposition universelle de Paris les modèles de tous les appareils employés aux travaux du canal de Suez. Ces modèles, qui étaient fort bien exécutés, dit-il, permettaient de saisir la marche des travaux dans tous ses détails. Il pense qu'un système de dépôt de déblais employé sur quelques canaux de la Hollande serait préférable au système de couloirs adopté par les entrepreneurs du canal de Suez. Le système dont il parle consiste dans l'emploi de larges tuyaux en bois assemblés au moyen de joints élastiques. A l'une des extrémités de ce couloir fermé, les godets de la drague déchargent leur contenu ; l'autre extrémité vient aboutir sur la berge où s'écoulent les déblais. Une sorte de pompe aspire les déblais et les repousse ensuite pour les faire sortir du conduit en bois.

Il serait heureux, ajoute-il, de voir le canal s'achever, malgré les affirmations contraires de lord Palmerston et de Stephenson. Le rapport de M. Hawkshaw a démontré clairement que les travaux ne présentaient aucune difficulté insurmontable. L'orateur doit donc croire, d'après la lecture du rapport qu'il vient d'entendre, que le canal sera bientôt ouvert.

Il ne reste qu'à examiner la question de l'utilité du canal, de savoir si les droits de passage n'empêcheront pas les navires de prendre cette route, en un mot, de se demander si, une fois le canal terminé, l'entreprise présentera un résultat satisfaisant au point de vue financier.

Quant aux blocs des jetées de Port-Saïd, dont on a parlé, l'opinant craint que le mélange de sable et de chaux ne présente pas une consistance suffisante et que ces blocs ne viennent à se dissoudre sous l'action de l'eau de la mer.

Il croit devoir, avant de finir, rappeler que les ingénieurs de la Compagnie du canal ont, au début des travaux, visité la Clyde; qu'ils ont pu y voir fonctionner les dragues et profiter de l'expérience acquise ici par de longs travaux. D'où il conclut qu'une partie de la gloire qu'acquerront ceux qui ont exécuté ces travaux du canal doit revenir aux ingénieurs de Glasgow; il ajoute que, dans sa pensée, on aurait pu faire de meilleures dragues que celles qui creusent le canal et à un prix moindre que celui indiqué par M. Lobnitz dans sa lecture.

(M. le professeur Rankine, plusieurs membres de l'Assemblée et M. l'ingénieur Lobnitz demandent à répondre à M. Simmons.)

M. Lobnitz dit que les couloirs sont un des appareils les plus ingénieux qu'il connaisse ; que le système dont parle M. Simmons comme employé en Hollande ne pourrait être mis en œuvre au canal de Suez. Les couloirs hollandais servent pour déverser des déblais formés de vase liquide, et il vaudrait encore mieux employer les dragues elles-mêmes à pomper directement la vase et la déverser dans des barques à clapets, comme on le fait à Saint-Nazaire. Dans tous les cas, dit-il, les couloirs et les élévateurs fonctionnent admirablement bien et très-économiquement.

M. le professeur Rankine dit qu'après avoir, sur la foi de Stephenson, longtemps déclaré le canal impossible, on prétend, maintenant qu'il est à peu près achevé, que l'exploitation du canal ne donnera pas de bénéfices. Suivant les renseignements présentés par M. Lobnitz, il y a tout lieu d'espérer que cette fois encore le résultat sera tout autre que celui qu'on prédit et que la Compagnie réalisera des bénéfices considérables. M. Lobnitz fait remarquer combien les droits de passage seront peu de chose en regard des avantages de toute nature que la voie du canal présentera : diminution de moitié sur le parcours, sécurité, diminution du taux d'assurance; un navire faisant deux voyages au lieu d'un et évitant les dangers du passage par le Cap ; économie immense sur les intérêts payés pendant le transport des marchandises arrivant plus vite à destination. En somme, le prix demandé par la Compagnie ne représente même pas la valeur d'un seul de ces avantages, et tous les navires adopteront cette route aussitôt qu'elle sera ouverte.

Plusieurs membres répondent à M. Simmons au sujet de la solidité des blocs. Ils indiquent les ports de France où ce système de jetées a été adopté et sanctionné par l'expérience.

M. *Lobnitz* dit, à propos des dragues, que les ingénieurs de la Compagnie ont très-peu imité les exemples qu'ils ont pu voir sur la Clyde. Il pense que les diverses parties de ces appareils sont beaucoup trop faibles, ce qui amène des réparations fréquentes et la destruction rapide de certaines pièces ; qu'il y aurait eu un grand avantage à construire des dragues plus solides et à établir une meilleure harmonie entre les diverses pièces qui les composent : chaînes à godets, treuils, etc., et qu'alors les résultats de leur travail eussent été encore meilleurs qu'ils ne le sont aujourd'hui, Il croit devoir ajouter d'ailleurs que la plupart des dragues ont été modifiées après l'invention des couloirs et qu'on a dû les élever de 15 à 20 pieds. En résumé, le seul reproche sérieux qui pourrait être fait se rapporterait à la solidité des divers organes des dragues. Les dragues de la Clyde sont à ce point de vue très-supérieures. Quant au prix, il faut considérer les difficultés du transport et du montage à Port-Saïd.

La Compagnie, au lieu d'avoir à acheter de nouvelles dragues, pourra bientôt disposer d'une grande partie de ce matériel, qui représentera une grande valeur même en le vendant très-bon marché. L'acquisition de ces dragues dans de bonnes conditions permettra de l'employer à l'amélioration des ports de la Méditerranée et de la mer Noire, et ce sera un nouveau bienfait résultant du percement du canal de Suez.

En réponse à une observation sur les apports de sable par les vents M. Lobnitz explique que ces apports ne sont pas à craindre et ne se produisent que sur certains points très-limités du parcours du canal. En général, le sol est formé d'argile et recouvert d'une très-faible couche de sable. Le canal d'eau douce ouvert depuis quatre ans, en plein désert. n'a jamais été obstrué par les apports de sable. Si ces apports de sable étaient à craindre, les lacs Amers seraient aujourd'hui comblés.

M. Costello fait observer que le canal d'eau douce, en traversent le désert, et en y amenant avec lui la végétation, servirait de barrière et suffirait pour arrêter le transport de sable. Il cite plusieurs localités et principalement en Irlande où l'on est arrivé à supprimer complétement les apports de sable par le vent, aussitôt qu'on a pu faire naître une végétation rudimentaire.

M. Lobnitz explique ensuite toutes les difficultés rencontrées au début des travaux. Le pays était un désert sans eau, et il s'agissait de faire en quelques années sur un parcours de 100 milles ce qu'on a mis un siècle à faire entre Glasgow et la mer, 15 à 16 milles ; il fallait, en plusieurs points, couper des collines ayant jusqu'à 60 pieds de hauteur sur plusieurs milles de longueur.

M. le professeur Rankine présente quelques observations sur les apports du sable à l'extrémité des jetées, tout en admettant que l'action réelle du sable doit être de peu d'importance et qu'il sera toujours facile de remédier à cette invasion.

M. Lobnitz explique que les sables ne s'accumulent qu'à la naissance des jetées ; il termine en disant que si, dans plusieurs siècles, le sable arrivait à l'extrémité des jetées, il suffirait alors de les allonger.

M. Simmons, revenant sur la question des dragues, trouve fâcheuse, dans l'emploi des couloirs, la nécessité d'élever à une si grande hauteur une si considérable quantité de matières.

M. le professeur Rankine démontre que le travail nécessaire pour élever ce poids est en résumé fort peu de chose.

La séance étant terminée, M. le président, docteur

Macquorn Rankine, la résume en quelques mots et déclare qu'à son avis ces informations sont de nature à convaincre tous les esprits impartiaux; que M. l'ingénieur Lobnitz a su répondre à toutes les questions qui lui ont été faites, et cela de la façon la plus complète. Il propose à l'assemblée un nouveau vote de remercîments.

Des remercîments sont votés par acclamations à M. l'ingénieur Lobnitz.

L'un des journaux les plus importants de Glascow a reproduit le travail de M. Lobnitz, et l'a commenté dans un article de fond dont on retrouvera ci-après les principaux passages. On y verra une nouvelle constatation de l'immense conversion qui se produit dans tous les esprits éclairés de l'Angleterre, sur l'exécution certaine du canal maritime et les magnifiques résultats qu'il prépare et pour les actionnaires et pour le commerce du monde.

Extrait du *North British Daily Mail* du 22 mai 1868.

Nous publions plus loin un document très-intéressant sur le canal de Suez, qui a été lu hier soir par M. Lobnitz devant les membres de l'Institut des ingénieurs et constructeurs de navires de Glasgow. Cette grande entreprise, même dans son état actuel, est une réponse pratique à la question très-importante de savoir si, l'Egypte étant sur la grande route de l'Inde et de la Chine, il est possible de creuser un canal maritime à travers l'isthme. M. Lobnitz avoue son scepticisme sur cette question « avant d'avoir vu les travaux. » Il pensait que la Compagnie de Suez s'était engagée « dans un projet insensé d'excavations sans fin dans les sables, » sans la moindre probabilité de résultats utiles et permanents. Il n'était pas le seul de son avis parmi les ingénieurs de profession. En 1847, la France, la Grande-Bretagne et l'Autriche envoyèrent de concert une commission pour déterminer exactement le niveau des deux mers, la Méditerranée et la Mer Rouge. Cette commission, contrairement aux constatations des savants français qui avaient accompagné l'expédition française sous Bonaparte, et qui prétendaient que la différence de niveau était de 30 pieds, vérifia que les deux mers étaient exactement au même niveau. La question du canal fut agitée avant et après cette époque; divers projets furent proposés surtout par les Français, mais rien ne fut arrêté. Un autre examen de l'isthme fut fait en 1853 par l'ingénieur anglais Stephenson, qui se prononça avec la plus grande vigueur contre la possibilité d'un canal ayant les dimensions capables de servir aux besoins du commerce moderne ; et à la place du canal il proposa le chemin de fer du Caire à Suez, qui fut ouvert en 1858 et qui sert maintenant au transport par terre de nos malles de l'Inde et de l'Australie. Ces conclusions de Stephenson ne satisfirent pas les Français, et M. Talabot, un des membres de la commission, à son retour en Europe, publia un plan pour relier les deux mers d'Alexandrie à Suez.

En 1854, M. de Lesseps, membre du corps diplomatique français, se présenta avec son plan sur ce même sujet. En 1856, il obtint du pacha la « concession » ou le privilége exclusif de creuser un canal maritime de Tineh (point sur la côte de la Méditerranée très au sud-est de Port-Saïd, embouchure actuelle du canal) à Suez. Son projet était complétement différent de ceux des ingénieurs anciens et modernes, en ceci que les uns tendaient à unir le Nil au canal, tandis que l'autre se proposait de creuser une voie traversant directement l'isthme en ligne droite, de Tineh à Suez. (Ici l'écrivain trace une analyse de ce projet trop connu en France pour qu'il soit besoin de la reproduire.)

Des considérations politiques et autres empêchèrent le canal de Suez, en des mains françaises, de devenir populaire en Angleterre. L'année 1855 vit le projet soumis à une autre commission européenne dont les membres étaient animés d'un esprit international encore plus prononcé que la précédente. Elle rédigea un rapport duquel il résultait que le projet de M. de Lesseps, quelque peu modifié, était praticable et produirait de grands bénéfices s'il était exécuté. La conséquence fut qu'une Compagnie se forma, dirigée par M. de Lesseps, qui la dirige encore. Le changement sur lequel on insistait pour le plan était de porter l'entrée de la Méditerranée de Tineh à Suez, point placé à l'étroit lido qui sépare le lac Menzaleh de la mer.

Ce soi-disant lac est un marais, et M. Lobnitz fait observer que le canal, sur un espace d'environ 20 milles, a été formé à travers ce marais au moyen du dragage.

(Description de l'Isthme).

Au début de son exposé, M. Lobnitz présente sur Port-Saïd un compte rendu plein d'intérêt, et nous devons regretter que dans son rapport il se soit moins étendu sur le port de Suez. Les jetées de Port-Saïd sont construites depuis le rivage jusqu'à une profondeur de 30 pieds ; l'une a une longueur d'un mille et demi, l'autre d'un mille. L'espace qui sépare les jetées a été creusé jusqu'à une profondeur de 18 pieds, et la profondeur atteindra 26 pieds, quand le travail sera terminé.

Les jetées et les quais du port sont construits en pierres artificielles. Ils sont formés de solides blocs de béton, pesant de 18 à 20 tonnes chacun et composés de sable produit des dragages et de chaux hydraulique. Ces blocs sont coulés dans des moules en bois à fond libre, comme le seraient des briques de dimension colossale, et on les expose au soleil pendant trois mois pour qu'ils durcissent suffisamment avant leur mise en place. On fabrique chaque jour 22 blocs, et il y en a toujours environ 2,000 en train de sécher. Nous savons que les Français construisent des maisons avec des matériaux semblables, et une méthode si expéditive et si économique en apparence mérite bien de fixer l'attention de nos ingénieurs et architectes anglais.

A 20 milles environ de Port-Saïd, M. Lobnitz fait observer qu'on a creusé le canal sur un mille de longueur à sa profondeur complète de 26 pieds, ce qui fait 6 pieds de plus que M. de Lesseps n'avait l'intention de donner au canal dans son premiers projet. Cette profondeur extrême a servi à éprouver ta solidité des talus, et le résultat atteste qu'il tiennent parfaitement dans des circonstances particulièrement difficiles.

Cependant notre expérience des dragages profonds dans la Clyde démontre que sur ce fleuve les rebords des berges glissent dans le fond.

Il paraît que les dragues employées dans l'isthme sont construites de façon à décharger les déblais sur les banquettes à mesure qu'ils sont extraits du fond du canal.

Cette méthode spéciale mérite notre attention pour la Clyde ; elle pourrait y être employée dans certains cas et sur quelques points spéciaux.

(Récit du mouvement des travaux et de l'exécution du canal d'eau douce depuis 1864.)

Les entrepreneurs sont obligés d'avoir terminé entièrement le canal à une profondeur uniforme de 26 pieds pour le mois d'octobre 1869. M. Lobnitz ne voit aucune raison pour que cèt engagement ne soit pas tenu. Une chose est évidente, c'est qu'il ne peut plus exister aucun doute au sujet de la prompte ouverture du canal.

Cette ouverture produira une révolution complète dans notre commerce avec l'Inde, la Chine, l'Australie et probablement même avec la côte Ouest du continent Américain.

Les droits que la Compagnie se propose d'appliquer tels qu'ils ont été décrits par M. Lobnitz sont très-modérés, et l'économie de temps et de risques que la courte traversée par le canal effectuera amènerait les armateurs à payer volontiers ces droits, même s'ils étaient beaucoup plus élevés.

Les dépenses de l'entreprise ont été très grandes, mais il en a été de même pour la pose du câble transatlantique.

Le canal une fois ouvert, ses actionnaires seront placés dans une position où il leur sera facile de se rembourser largement, et ils méritent bien une ample moisson, pour avoir entrepris une œuvre qui présentait de si grands risques.

IMP. CENTRALE DES CHEMINS DE FER. — A. CHAIX ET Cᵉ, RUE BERGÈRE, 20.— 5558-8.

www.ingramcontent.com/pod-product-compliance
Ingram Content Group UK Ltd.
Pitfield, Milton Keynes, MK11 3LW, UK
UKHW021024200726
13857UKWH00004B/1567

9 782012 396678